岸滩溢油监测评价指导手册

赵玉慧　孙培艳　等 著

海洋出版社

2015 年 · 北京

图书在版编目（CIP）数据

岸滩溢油监测评价指导手册/赵玉慧等著 . —北京：海洋出版社，2015.10
ISBN 978 – 7 – 5027 – 9272 – 5

Ⅰ.①岸… Ⅱ.①赵… Ⅲ.①海上溢油 – 海洋污染监测 – 手册 Ⅳ.①X834 – 62

中国版本图书馆 CIP 数据核字（2015）第 243907 号

责任编辑：张　荣
责任印制：赵麟苏

海洋出版社　出版发行

http://www.oceanpress.com.cn

北京市海淀区大慧寺路 8 号　邮编：100081
北京画中画印刷有限公司印刷　新华书店发行所经销
2015 年 10 月第 1 版　2015 年 10 月北京第 1 次印刷
开本：787 mm×1092 mm　1/16　印张:4
字数：80 千字　定价：22.00 元
发行部 62132549　邮购部：68038093　总编室：62114335
海洋版图书印、装错误可随时退换

《岸滩溢油监测评价指导手册》
编写人员名单

赵玉慧　孙培艳　尹维翰　刘　莹
杨晓飞　周艳荣　李保磊　温婷婷
曾小霖　王利明

前　言

目前，海洋溢油污染已成为海洋环境污染的最主要威胁之一，随着海洋石油勘探开发和海洋运输活动日益频繁，溢油事故频发。据初步统计，从 2006 年至 2011 年，渤海共发现海上溢油事件 59 起，其中油气开发溢油 17 起，船舶溢油 8 起，无主漂油 34 起。溢油事故的发生给海洋和岸滩生态环境造成了巨大的破坏，2010 年大连"7.16"新港码头溢油事故造成约 163 km（北至金石滩，南至小平岛）长的岸线受到溢油污染，约占大连市大陆岸线的 12%；2011 年蓬莱 19-3 油田溢油事故造成辽宁（绥中）—河北（秦皇岛、唐山）部分岸段受到损害。

溢油登岸后，及时准确地开展岸滩巡视和监测工作，评估溢油对岸滩的损害程度是溢油应急处置中必不可少的工作，监测评估结果可直接为事故的损害评估及后续的生态修复工作提供依据。通过大连"7.16"新港码头溢油事故和蓬莱 19-3 油田溢油事故，以及每年的小型溢油事故的岸滩巡视工作，国家海洋局北海分局及各级地方执法、监测机构积累了丰富的现场调查经验，为事故处置提供了技术支撑。

但迄今为止，现场的监测调查工作仅停留在溢油状态的简单直观描述方面，后期的评价往往仅是将前期描述工作进行归类整理，国内尚未形成一套完整可行的监测评价技术体系，亟需形成一套简易可行的监测调查方法和科学严谨的评价评估方法。自 2010 年大连"7.16"新港码头爆炸事故开始，国家海洋局北海环境监测中心技术人员着手开展岸滩监测评价相关方法的研究工作，形成了一套简单易行、科学严谨的岸滩溢油监测评价指标体系和监测评价方法。因此，在充分调研国内外先进调查方法的基础上，结合国内实际情况，编制了此手册，用于指导岸滩溢油的监测和评价工作，丰富溢油应急监测评价技术体系。

目　次

1 简 介

1.1 目的

　　岸滩溢油发生或海面溢油登陆岸滩后,岸滩溢油监测评价在掌握溢油对岸滩生态环境的影响,为管理者后续清污响应措施提供建议中起到重要的作用。

　　《岸滩溢油监测评价指导手册》是根据我国溢油应急监测与评价的实际需求而编写,旨在为岸滩溢油监测和评价人员提供系统、标准、科学、方便的岸滩溢油数据获取方法和评价方法,对岸滩溢油监测评价、岸滩溢油清理和岸滩溢油相关研究等工作具有指导作用。

　　本手册所介绍的方法是在国内大型溢油岸滩监测评价实际工作经验基础上,并参考国外先进方法,经实际验证后形成,具有科学性、可靠性和操作性,适用于从事海洋环境监测评价业务人员使用,也可为研究院、高校科技人员和师生提供参考和借鉴。

1.2 如何使用该手册

　　本手册包括 6 个章节和 10 个附录。其中 6 个章节主要为知识性介绍,10 个附录为现场调查所必需的工具或对比材料。

　　第 1 章节介绍岸滩调查手册编制的目的、适用人员及手册的使用方法。

　　第 2 章节介绍岸滩溢油监测评价的主要原则和工作程序。

　　第 3 章节介绍岸滩溢油监测评价指标体系,主要从知识上介绍溢油对岸滩的影响从哪几个方面考虑。

　　第 4 章节介绍岸滩溢油监测前需要开展的准备工作。

　　第 5 章节介绍如何开展现场监测。

　　第 6 章节介绍如何开展后期评价。

　　附录 A 为现场监测所需要的记录表格信息。

　　附录 B 为空白现场记录表和空白现场草图,为溢油监测者提供方便的信息记录。

　　附录 C、D、E、F、G、H 为岸滩类型、溢油分布特征、溢油厚度、覆盖率、溢油特征、下渗油污状态等识别对比图片和主要特征,方便监测者查对。

附录 I 为岸滩溢油调查工具箱内容,方便监测者监测前查对物品是否齐全。

附录 J 为岸滩溢油监测时确定油污大小的刻度尺,分 25 cm 和 10 cm 两种,监测者可以现场使用。

岸滩溢油监测评价培训时,本手册所有的内容均应掌握。

现场监测时,监测人员需要熟悉第 2 章工作程序部分、第 4 章、第 5 章和 10 个附录内容,对照第 4 章和附录 H,做好前期准备工作,掌握第 2 章工作程序部分和第 5 章节,按程序开展现场监测。

评价人员需熟悉掌握手册第 6 章。评价时需要熟悉掌握第 2 章中评价原则及程序。

2 总　则

2.1 现场监测、样品采集、储运与保存原则

现场监测前应做好充分的准备。对所调查的岸滩进行分区,掌握每个分区的岸滩服务功能及可能的敏感资源。检查本手册中所规定的外业调查箱中物品是否齐全。

现场监测应携带本手册,采用现场状况与本手册提供的照片及说明对比的方式确定岸滩类型、污染程度等。

岸滩监测必须现场多拍摄照片,并在照片上显示拍摄时间。

样品在采集、储运与保存过程中,应注意避免沾污,确保采集到代表性溢油样品,为油指纹鉴定提供有效样品,采取必要的技术措施以防止油品发生变化,应辅以安全防范措施以防样品有意或无意地遭到破坏或篡改。

2.2 岸滩溢油评价原则

岸滩评价人员参与现场监测最佳,应首先采用本手册规定的评价方法对岸滩溢油污染程度、污染等级开展评价。

切忌仅根据定量化数据做出评价结果,如评价人员与监测人员不是同一人,评价结论需参考现场监测人员的等级评估结果,并与现场监测人员商定。

2.3 人员要求

现场监测人员和评价人员应经过技术培训,熟悉掌握本手册所规定的岸滩类型、岸滩溢油分布状态类型、溢油性质类型及所需要填写的表格信息。

现场调查人员一般由监测人员和执法人员组成,特殊情况下可由监测或执法人员单独开展监测和调查。调查人员需具备一定的生态环境学基础,能够快速判断、描述现场生态破坏状况;对于一些敏感区,如文化资源区、保护区等,宜需要专业技术人员给予指导,以免调查过程中对资源造成破坏。

现场监测人员需将所见到的岸滩溢油污染信息定量化,评价人员需与现场监测人员充分沟通,参考现场照片、量化数据、现场监测人员评估结果等信息,依据本手册作出准确评价。

2.4 工作程序

确定岸滩溢油污染发生,或海水溢油可能影响岸滩后,应开展现场监测,确定是否造成污染及污染范围、程度。

监测前应首先做好准备工作,包括制定监测方案、确定监测人员、准备外业监测用具等。根据监测方案,确定现场监测范围和区域,一般情况下,调查应包括溢油污染岸线全部区域,选择典型区域开展重点监测。在岸滩溢油监测记录表上,填写监测区域岸滩类型、岸滩生态环境、溢油登陆状态等信息,并给出现场污染程度评估结果。采集岸滩溢油油脂纹样品;如出现油污下渗情况,必要情况下采集下渗油污样品、沉积物样品和间隙水样品等;如发现受污大型动物或受污其他海洋生物,采集受污生物样品。

评价人员根据现场监测数据开展岸滩溢油污染程度评价,结论经与现场监测人员商定后,编写评价报告。

详细工作程序见图 2-1。

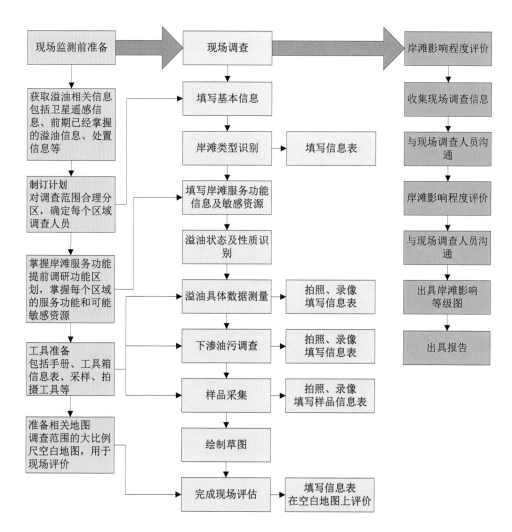

图 2 – 1 岸滩溢油监测评价工作程序

3 岸滩溢油监测与评价指标体系

岸滩溢油监测指标体系由岸滩类型及敏感程度和溢油状态两部分指标构成,其中,岸滩类型及敏感程度指标中包括岸滩类型和岸滩服务功能两个指标,溢油状态指标中包括岸滩溢油登陆量和溢油性质两个指标。

3.1 岸滩类型及敏感程度

3.1.1 岸滩类型

岸滩类型指标主要体现岸滩的自然属性,不同岸滩类型的油污持续时间及生态敏感度不同。岸滩类型决定了岸滩溢油样品采集方式、方法的选择。根据岸滩底质类型及水动力暴露程度,将岸滩分为基岩岸线、沙滩、碎石滩、开阔潮滩、遮蔽岸滩和生态岸滩 6 个评价类型,10 个监测类型和 21 种岸滩形态,详见表 3 - 1。上述岸滩类型中,对溢油的敏感程度从高到低依次为生态岸滩、遮蔽岸滩、开阔潮滩、碎石滩、沙滩、基岩岸线。

3.1.2 岸滩服务功能

岸滩服务功能指标主要体现岸滩的社会属性,岸滩的社会服务功能越重要,受溢油的影响程度越高。依据《全国海洋功能区划(2011—2020 年)》,结合我国岸滩实际情况,筛选了与岸滩有关的服务功能,分别为海洋自然保护区、典型生态系统、重要野生动物栖息地、渔业区、盐田区、水源区、文化活动区、社会经济区等,其中海洋自然保护区、典型生态系统、重要野生动物栖息地和文化活动区为较重要的岸滩服务功能区。

3.2 溢油状态

3.2.1 岸滩溢油状态

溢油分布状态指标主要体现溢油登陆量和影响范围,溢油登陆量越大,分布越广对岸滩的影响程度越高。溢油登陆状态分为连续溢油、分散溢油和零星溢油三种定性状态。

表 3 - 1 岸滩类型划分

评价类型	监测类型	岸滩形态
基岩岸线	开阔岩岸	开阔式基岩海岸
		开阔式坚固人工构筑物
		开阔式石崖,崖基为碎石堆
	开阔海蚀平台	开阔式海蚀平台
沙滩	细沙滩	细－中砂质沙滩
	粗沙滩	粗砂质沙滩
碎石滩	砂及砾石混合滩	砂、砾石混合沙滩
	碎石滩	砾石滩
		碎石滩
开阔潮滩	开阔潮滩	开阔、平坦的潮滩
遮蔽岸滩	遮蔽基岩岸滩	遮蔽式岩壁
		遮蔽式坚固人工构筑物
		遮蔽式碎石滩
		遮蔽式砾石岸
	遮蔽潮间带	植被覆盖海蚀平台或岩基潮间带
		遮蔽式潮间带
		植被覆盖潮间带
生态岸滩	沼泽、湿地、红树林	盐沼
		淡水沼
		湿地
		红树林

对于连续、分散油污,测定油污厚度、总分布面积和覆盖率。

对于零星油块(粒),测定油块(粒)平均粒径、总分布面积、分布密度、覆盖率。

对部分有可能产生溢油下渗的岸滩(如砂质岸滩),必要时测定溢油下渗深度和下渗量。

3.2.2 溢油性质

溢油性质指标主要体现溢油在环境中的风化程度,重质油不易挥发,环境中去除时间长,对岸滩的影响较大;而轻质的成品油等在环境中会在短时间内挥发,对岸滩造成的影响较小。根据溢油源、形态、易挥发程度等,将溢油性质分为高挥发性溢油、新鲜溢油、奶油冻状溢油、焦油球溢油、残留油和沥青等。

4　岸滩溢油监测工作准备

4.1　资料收集

① 获取已经掌握的溢油相关信息,包括卫星、航空遥感资料,溢油处置方式方法和效果。

② 获取所调查岸滩的主要服务功能和敏感资源。

③ 获取所调查岸滩的地图,打印调查岸滩的大比例尺空白地图,用于现场评价。

④ 通过遥感地图或 Google Earth,提前掌握岸滩的主要类型。

4.2　监测方案制订

外业调查开始之前,调查人员需做如下前期准备工作。

1)确定调查范围

根据人力、设备和时间安排合理确定调查范围,根据行政区划、地形地貌、岸滩类型、溢油分布情况划分为若干个监测单元。每个监测单元应提前获取大比例尺地图,掌握最佳到达路线和最佳监测站点,这项工作可以在 Google Earth 等辅助下完成。

2)确定监测区域

每个监测单元原则上全部开展人工现场监测调查,如监测单元范围较大,可选取代表性区域开展现场监测。

在监测之前需合理设置监测站位,以保证岸滩监测的系统性和完整性。

相同岸滩类型、底质类型和污染程度可以划为一个监测区域。

根据已有资料,特别是航空、卫星遥感监测资料,了解监测范围内岸线类型、岸滩溢油污染程度。

根据地形图、岸线形态、天气状况及水体流系,确定溢油可能聚集区,列出可能污染区域,选择有几个代表性区域开展现场监测。

3)确定监测时间

考虑天气、设备、潮汐和工作部署等因素合理安排监测时间。

4.3 调查工具的准备

监测人员需配置下列设备,也可根据经验另行添加,详见附录I。

1)衣物

根据现场岸滩及油污状况选择合适的调查衣物,配备必要的雨鞋、手套等,中国海监及其检验鉴定中心调查队员应着工作装。

2)调查工具

包括地图、手持GPS、数码相机、便携式摄像机、望远镜、卷尺或绳索、刻度尺、笔记本、记录表格、地图、指南针、文件袋或文件夹。

附录J为现场25 cm×5 cm和10 cm×10 cm两种刻度尺,监测人员可以用其进行焦油球或油污测量。

3)取样工具

常规工具包括标签、防擦除记号笔、铅笔、签字笔,不同样品采集所需其他工具如下。

(1)油样品采集工具

棕色广口玻璃瓶(250 ml)、取样匙、试剂(正己烷等)。

(2)沉积物样品采集工具

封口塑料袋、折叠铲或泥铲、取样匙。

(3)水样采集工具

水质石油类样品采样瓶、舀子,必要情况下带萃取装备,参照《海洋监测规范》(GB 17378.4—2007)。

(4)生物样品采集工具

塑料袋或袋子(用于装大型受污动物),生物采样瓶(用于装小型受污动物),必要情况下带生物专业采样工具,参照《海洋监测规范》(GB 17378.6—2007)。

5 岸滩溢油监测及信息表填写

5.1 监测基本信息填写

基本信息包括事件名称、监测单位、监测人员、监测时间、潮时、监测区域、监测长度、起始坐标和终止坐标等信息。

信息记录表空白表格见附录 A,基本信息填写示例如表 5-1 所示。

表 5-1 基本信息填写示例

基本信息	事件名称	××油污染事件	
监测单位	×××监测中心	监测人员	张三、李四、王五
监测时间	2012 年 11 月 29 日 11:00 时	潮时	高潮 / 低潮 / 平潮
监测区域	×××沙滩	监测长度	2 000 m
起始坐标	E:×°×′×″,N:×°×′×″	终止坐标	E:×°×′×″,N:×°×′×″

5.2 岸滩类型识别及信息填写

根据岸滩底质类型及暴露程度,将岸滩监测类型分为 10 类,不同岸滩类型的油污持续时间及生态敏感度不同。本章节主要是协助监测人员对不同岸滩类型进行识别。

岸滩类型识别主要采用图片对比方式进行识别,各岸滩类型图片详见附录 C。

5.2.1 岸滩类型识别

1)基岩岩岸

基岩岩岸为暴露型岸滩类型,由坚硬岩石组成的海岸。由于波浪的往复冲激作用,溢油会被冲到海上。溢油一般会在几天或更短的时间被海浪冲刷掉。大多数滞留的油会在岸线的高潮线以上部位形成一条不规则的油带。

包括开阔岩岸和开阔海蚀平台两种监测类型。

（1）开阔岩岸

开阔岩岸由坚硬岩石或坚固人工构筑物组成的海岸。大多数滞留的油会在岸线的高潮线以上部位形成一条不规则的油带。

包括开阔式基岩海岸、开阔式坚固人工构筑物和开阔式石崖三种形态。

开阔式基岩海岸：由坚硬岩石组成，岩石较高，波浪冲刷崖底，岸滩狭窄，坡度陡。大多数滞留的油会在岸线的高潮线以上部位形成一条不规则的油带。峭壁结合处，溢油会渗透到地下。

开阔式坚固人工构筑物：由坚固人工构筑物组成，一般为码头、平整护岸、"扭王字"块、"工字块"护岸等人工岸线，为直立式或具有一定陡坡，无岸滩。大多数滞留的油会在岸线的高潮线以上部位形成一条不规则的油带，溢油可以进入"扭王字"块、"工字块"护岸内部。

开阔式石崖：由坚硬岩石组成，与开阔式基岩海岸不同之处是崖基为碎石堆。

（2）开阔海蚀平台

开阔海蚀平台属于海岸侵蚀地貌类型。在海浪作用下，海蚀崖不断发育、后退，在海蚀崖向海一侧的前缘岸坡上，塑造出一个微微向海倾斜的平坦岩礁面。波浪可通过平台，在海蚀平台上通常发育有浪蚀沟、锅穴、洼地等微地貌。海蚀平台一般位于平均海平面附近，也有分布于高潮线以上的，它们是由特大暴风浪作用而形成的暴风浪平台；也有位于海面以下的，它们是由波浪侵蚀作用在下限处形成的海底平台。溢油一般在一周或更短的时间被海浪冲刷掉。

2）沙滩

海滩主要由细砂或粗砂组成，砂含量占80%以上。一般沙滩坡度略平缓，岸滩宽阔。轻质油会沿着潮间带的高潮线积累，重质油会覆盖整个岸滩表面，溢油可以渗入沙滩内部，包括细沙滩和粗沙滩两种监测类型。

（1）细沙滩

细沙滩由细–中粒径的砂组成，粒径0.06~0.25 mm，由于海浪携带海砂覆盖作用，溢油容易被掩埋。

（2）粗沙滩

粗沙滩由粗砂组成，平均粒径约0.25~2 mm，有时会伴有少量小砾石或碎石，溢油容易下渗。

3）碎石滩

碎石滩以砾石或碎石为主（粒径大于2 mm，含量大于80%）堆积而成海滩，溢油非常容易下渗。在较暴露的海滩，溢油通常被推至高潮线上；在相对遮蔽的海滩，若溢油累积较多，易形成壳状油层。包括砂及碎石混合滩和碎石滩两种类型。

（1）砂及砾石混合滩

砾石缝隙由砂完全填充。

（2）碎石滩

碎石滩全部由砾石或碎石组成，缝隙无沙粒填充。包括砾石滩和碎石滩两种岸滩形态。

砾石滩：砾石表面圆滑，分鹅卵石和大砾石两种形态，鹅卵石平均粒径为 4～64 mm，大砾石平均粒径为 65～256 mm。

碎石滩：碎石表面不圆滑，平均粒径大于 256 mm。

4）开阔潮滩

开阔潮滩为平坦潮间带，波浪动力小，以潮流冲刷为主。潮间带宽度一般大于50 m。如果溢油量大，退潮时，溢油会沉淀黏附在整个潮滩。潮滩水动力弱，溢油滞留时间长。沉积物类型以泥或沙为主。

5）遮蔽岸滩

向海方向有遮蔽物阻挡或被植被覆盖，水动力较弱，溢油滞留时间长。包括遮蔽基岩岸滩和遮蔽潮间带两种监测类型，遮蔽基岩岸滩包括遮蔽式岩壁、遮蔽式坚固人工构筑物、遮蔽式碎石滩、遮蔽式砾石岸等岸滩形态，遮蔽潮间带包括植被覆盖海蚀平台或岩基潮间带、遮蔽式潮间带和植被覆盖潮间带等岸滩形态。

有关遮蔽及岸滩的暴露程度相关内容见5.2.2。

6）生态岸滩

生态岸滩处于陆地生态系统和海洋生态系统的过渡带，具有极其重要生态价值的岸滩，是众多珍稀海洋生物和陆地生物的栖息地，具有维持生态平衡、保持生物多样性和珍稀物种资源、涵养水源、降解污染、调节气候、控制海岸侵蚀等重要作用。因生态岸滩被茂密的植被覆盖，而且水动力环境弱，一旦遭受溢油污染，难以清除，溢油将长期影响生态系统。生态岸滩一般指沼泽、湿地和红树林，分为盐沼、淡水沼泽、湿地和红树林四种岸滩形态。

（1）盐沼

盐沼是地表过湿或季节性积水、土壤盐渍化并长有盐生植物的地段。地表水呈碱性、土壤中盐分含量较高，表层积累有可溶性盐，其上生长着盐生植物。我国盐沼的植物群落主要包括盐角草群落、碱蓬群落、芦苇群落和米草群落等。

（2）淡水沼

淡水沼的基本特征是地表常年过湿或有薄层积水。在沼泽地表除了具有多种形式的积水外，还有小河、小湖等沼泽水体。

（3）湿地

湿地指天然或人工形成的沼泽地等带有静止或流动水体的成片浅水区,还包括在低潮时水深不超过6 m的水域。湿地生态系统中生存着大量动植物,很多湿地被列为自然保护区。

（4）红树林

红树林指生长在热带、亚热带平坦海岸潮间带上部,受周期性潮水浸淹,以红树植物为主体的常绿灌木或乔木组成的潮滩湿地木本生物群落。组成的物种包括草本、藤本红树。它生长于陆地与海洋交界带的滩涂浅滩,是陆地向海洋过渡的特殊生态系。在中国,红树林主要分布在海南岛、广西、广东和福建。

5.2.2 岸滩暴露程度识别

岸滩暴露程度是岸滩溢油在环境中清除难易程度的一个重要指标。根据暴露程度分为四类,见图5－1。

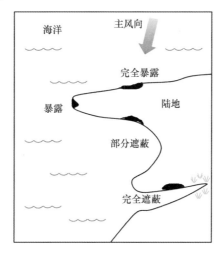

图5－1 岸滩溢油暴露程度示意图

① 完全暴露:岸滩正面对海上主风向,浪花可将溢油从岸滩上较易拍去或冲刷掉。

② 暴露:岸滩非正面对海上主风向,因岸滩或岸滩上的建筑物风力减弱,岸滩较完全暴露,岸滩冲刷程度减弱。

③ 部分遮蔽:岸滩背向主风向,受岸滩和岸滩上的建筑物影响,海浪对岸滩的冲刷能力较弱。

④ 完全遮蔽:一般出现在较小的海湾、港湾、河口等地区,该处风力较小,海浪基本不冲刷海岸。

注意:海浪对岸滩的冲刷主要是风力作用造成的,但有的岸滩海流较大,仍需考虑海流因素。

另外,岸滩暴露程度不仅受海浪的影响,在岸滩覆盖有大量植被的情况下,海浪对岸滩溢油的冲刷作用受到限制,也属于部分遮蔽或完全遮蔽。

5.2.3 岸滩类型信息填写

信息表中包括了岸滩的主要类型、其他岸滩类型、岸滩暴露程度等信息。

一般情况下,一段岸滩会出现多种岸滩类型,填写时需填写一个主要的岸滩类型和几个其他岸滩类型。主要岸滩类型用"√√"标示,其他岸滩类型用"√"标示。

必要的情况下需对岸滩类型进行文字描述。

岸滩类型填写示例如表5－2所示。

表5－2　岸滩类型填写示例

岸滩类型					
	开阔岩岸		砂及碎石混合滩		遮蔽潮间带
√	开阔海蚀平台	√	碎石滩		沼泽、湿地、红树林
√√	细沙滩		开阔潮滩	暴露程度	√完全暴露 □暴露 □部分遮蔽 □完全遮蔽
	粗沙滩		遮蔽基岩岸	其他描述	沙滩两段为海蚀平台和砾石滩

注:√√为主要岸滩类型,只能选一个;√为其他岸滩类型,可多选。

5.3　岸滩服务功能记录

依据岸滩性质、服务对象、毗邻水域使用功能和敏感程度的不同,将岸滩服务功能分为重要和一般两个等级。

监测前首先掌握调查区域的功能区划,在岸滩服务功能信息表中选择相应的服务类型。

特殊情况下,一段岸滩会出现多种服务功能,填写时需填写一个主要的服务功能和几个其他服务功能。当重要的服务功能与一般服务功能同时出现时,主要服务功能应从重要服务功能中选取。主要服务功能用"√√"标示,其他服务功能用"√"标示。主要服务功能和其他服务功能均可多选。

岸滩服务功能填写示例见表5－3。

表 5 – 3　岸滩服务功能填写示例

岸滩服务功能

海洋保护区	自然生态系统	√	野生动物栖息地		哺乳动物生活区	水源区	特殊工业用水
	海洋生物物种			√	鸟类生活迁徙地		一般工业用水
	遗迹非生物资源	√	文化活动区		风景旅游区		水源涵养地
典型生态系统	红树林生态系统	√		√√	度假旅游区		矿产开发区
	河口湾生态系统		渔业区		渔港及渔业设施建设区	社会经济区	港口工业区
	盐沼湿地系统						滨海工业区

注:√√:主要服务功能,可多选;√:其他服务功能,可多选。

5.4　溢油分布状态识别及测量

5.4.1　溢油分布状态识别

溢油分布状态指标主要体现了溢油登陆量的多少及影响范围,溢油登陆量越大、分布越广对岸滩的影响程度越高。本章节主要对不同溢油登陆状态进行识别。

本手册将溢油登陆状态分为成片溢油、分散溢油和零星溢油三种定性状态,分布方式上分为面状、丝带状、焦油球或油饼和油膜等,溢油状态的区别可参考长度、厚度和覆盖率三个指标确定。

注意:覆盖度为溢油实际覆盖区域占溢油分布区的比例,而非整个调查区域的比例。

成片溢油一般呈连续或不连续(厚度几毫米至几厘米)状态,长度大于 50 m,包括面状、带状和连片焦油球三种状态。

① 面状溢油连续分布,溢油覆盖率高于 50%,溢油厚度大于 0.1 cm。

② 带状溢油沿岸滩方向呈带状分布,向岸方向凸出,溢油覆盖率高于 50%,溢油厚度约为 0.1 cm。

③ 连片焦油球沿岸滩方向连片分布,溢油覆盖率高于 1%。

分散溢油呈不连续带状、焦油球或饼状分散分布,长度小于 50 m。

① 带状溢油覆盖率介于 5% ~50% 之间,厚度小于等于 0.1 cm。

② 焦油球和油饼覆盖率一般小于 1%,焦油球直径小于 0.1 cm,油饼呈扁平状,直径介于 0.1 ~1.0 m 之间。

零星溢油一般以少量油膜或零星焦油球等形态分布。

溢油分布状态及其特征见表 5 – 4,现场监测对比图见附录 D。

表 5－4　溢油分布状态及其特征

溢油分布状态		长度	平均厚度	覆盖率	特征
成片溢油	面状	≥50 m	≥0.1 cm	≥50%	连片面状分布
	带状	≥50 m	约为0.1 cm	≥50%	沿岸滩方向呈带状分布，向岸方向凸出
	连片焦油球	≥50 m	—	≥1%	沿岸滩方向连片分布
分散溢油	丝带状	<50 m	<0.1 cm	5%～50%	较成片溢油薄，且不连续分布
	焦油球或油饼	<50 m	—	<1%	不连续分布或堆状分布
零星溢油		—	—	—	少量油膜或焦油球

5.4.2　岸滩溢油现场监测

1）一般步骤

第一步：确定岸滩是否存在油污；

第二步：确定油污分布状态，确定现场调查的条带数量，分别以 A、B、C……命名；

第三步：现场调查溢油长度、宽度、厚度比例或厚度、覆盖率、监测单元密度等信息；

第四步：完成信息表填写。

注意：信息表中仅给出了 A、B 两条溢油带的填写空间，如存在更多溢油带，可在空白处或另外添加纸张按格式记录信息。

2）面状、带状和丝带状溢油监测

对于面状、带状和丝带状溢油，测量溢油长度 L(length,m)、宽度 W(width,m)、厚度 th(thickness,cm)及各种厚度溢油所占比例 P(percent,%)、覆盖率 C(coverage,%)。如溢油厚度较好测定，且分布均匀，直接测定厚度数据。

3）焦油球监测

若岸滩溢油状态为焦油球或油饼，需选取有代表性单元，计算单元内溢油的总重量。

成片焦油球分布取样单元尺度为 0.25 m×0.25 m，零星焦油球分布取样单元尺度为 1 m×1 m，其所含油球分别代表岸滩溢油污染平均水平。

监测单元内焦油球重量可以采用采集单元内所有焦油球，带回实验室称重方式，也可以采用观测监测单元内焦油球的个数,估算平均体积,估算焦油球密度(按0.7~1 g/cm³),两者相乘方式获取。

4)长度和宽度测量与估算

① 长距离测量:在地形图上投点并测量距离,注意不要使用小比例尺地图(不能反映岸线形态变化,测量误差大);或者沿岸滩驾驶车辆,利用GPS等工具进行距离测量。

② 中距离测量:根据经验进行目测。

③ 短距离测量:采用步测法。首先确定步幅,然后沿溢油岸滩步测,查步数。注意下坡时步幅会增大,上坡、软质沙滩和长时间测量后步幅会减小。也可采用经现场校正后的智能手机或平板电脑距离测量软件估计。

5)厚度比例估计和厚度测量

考虑到现场监测工作的实用性,本手册将溢油厚度划分为三个等级,即大于1 cm、0.1~1 cm和小于0.1 cm。当溢油厚度明显较厚,达数厘米的情况下,实际监测过程中可分为更多的厚度等级。厚度比例估计是估算上述三个不同等级厚度的溢油分别所占的比例。

对于较厚的成片溢油和分散溢油,可用刻度尺进行溢油平均厚度测量。一般情况下,成片溢油厚度大于0.1 cm,其厚度可以利用刻度尺测量获取;丝带状溢油非常薄,厚度可按0.1 cm计。

对于不方便采用直接测量方式确定厚度的岸滩溢油,监测人员可采用图片对比方法确定溢油厚度。详见附录E。

① 油池:一般为新鲜油污或成奶油冻状油污,厚度超过1 cm。

② 覆盖:一般为受到一定程度风化后,去掉水分和轻组分后的油污,厚度约在0.1~1 cm之间。

③ 油衣:厚度小于0.1 cm的可见油污,可以用指甲刮掉。

④ 粘污:可见油污,但不能用指甲刮掉。

⑤ 油膜:油膜,多成彩条带,或透明油带。

6)覆盖率测量

受潮汐等水动力影响,溢油不均匀地散布于岸滩表层,溢油覆盖率获取参照附录F。

5.4.3　岸滩溢油现场监测信息记录

包括油污位置、长度、宽度、覆盖度、厚度、焦油球密度、粒径等信息。

溢油状态信息表填写示例见表5-5。

表5-5 溢油状态信息表填写示例

溢油状态	没有溢油请打钩(√)	潮间带位置:□潮上区 ☑高潮区 □中潮区 □低潮区

分布方式:☑连续 □分散 □零星 ☑面状 □丝带状 □焦油球 □油膜
溢油性质:☑流动态 □固态 □长期残留

油带A:长度 50 m;宽度 3 m;覆盖度 10 %;厚度比例:>1 cm占 10 %,0.1~1 cm占 30 %, <0.1 cm占 60 %

油带B:长度 m;宽度 m;覆盖度 %;厚度比例:>1 cm占 %,0.1~1 cm占 %, <0.1 cm占 %

如溢油为焦油球或油饼,请调查单位面积内的数量、粒径、厚度

单位面积数量	20 个/m²	粒径	1 cm	油饼厚度	cm

溢油在潮间带位置识别辅助

潮间带是在潮汐大潮期的绝对高潮和绝对低潮间露出的海岸,也就是海水涨至最高时所淹没的地方开始至潮水退到最低时露出水面的范围(图5-2)。

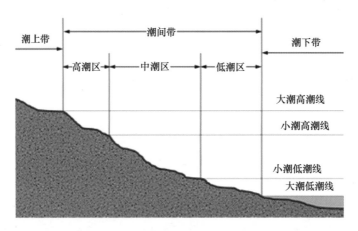

图5-2 溢油在潮间带上位置示意图

(1)高潮区(上区):它位于潮间带的最上部,上界为大潮高潮线,下界是小潮高潮线。它被海水淹没的时间很短,只有在大潮时才被海水淹没。

(2)中潮区(中区):它占潮间带的大部分,上界为小潮高潮线,下界是小潮低潮线,是典型的潮间带地区。

(3)低潮区(下区):上界为小潮低潮线,下界是大潮低潮线。大部分时间浸在水里,只有在大潮落潮的短时间内露出水面。

(4)潮上带:潮间带以上,海浪的水滴可以到达的海岸。

5.5 溢油性质识别及记录

按照溢油的挥发程度和状态,分为高挥发性溢油、新鲜溢油、奶油冻状溢油、焦油球溢油、残留油和沥青,各种性质溢油特点如下。

① 高挥发性溢油:颜色透明,挥发性强,在岸滩存留时间很短。

② 新鲜溢油:未经风化或轻微风化,可流动。

③ 奶油冻状溢油:乳化,含水率较高,成奶油冻状,流动性差。

④ 焦油球溢油:分散的油球,直径一般小于 10 cm。

⑤ 油饼或油片:分散的油饼或油片,直径一般大于 10 cm。

⑥ 残留油:经过较重风化作用后,残留在岸滩上的溢油,一般不会粘连在一起。

⑦ 残留沥青:经过重度风化作用后,残留在岸滩上的溢油,可与沉积物形成一整个沥青块或沥青片,具备一定的硬度。

注意:机油、润滑油等也为透明,但挥发性低,在环境中存留时间长,会对环境造成影响。

监测人员可采用图片对比方法确定溢油性质。详见附录 G。

填写岸滩监测现场信息表时,可将新鲜溢油、奶油冻状溢油归为流动态,焦油球或油饼归为固态,残留油和残留沥青归为长期残留。

在实际溢油应急处置中,现场人员如通过事故调查取证等手段确定溢油品种,如汽油、柴油、机油、燃料油及原油等,请在溢油性质油种栏中填写溢油种类。

5.6 砂质岸滩下渗油污监测

岸滩溢油随时间下渗至深层或被砂及海草覆盖而埋藏,监测人员需设置岸滩断面进行下渗油和埋藏油监测。

5.6.1 下渗油污状态识别

1)油层下渗、埋藏类型识别

(1)砂质岸滩下渗油污

表层溢油通过岸滩底质孔隙下渗,不同底质类型溢油下渗程度不同,一般情况下,粒度越粗,孔隙度越大,溢油下渗程度更严重。

(2)砂质岸滩埋藏油污

在岸滩沉积物次表层呈连续或不连续层状分布,层厚可达几十厘米。埋藏油形成原因主要分以下几种:沙滩海草堆积覆盖;风吹沙丘,导致干净砂覆盖于油污之上;风暴导致沙丘崩塌;潮汐导致干净砂输入覆盖。

2) 油污状态识别

① 完全填充:溢油将底质空隙全部填充。

② 部分填充:溢油部分将底质空隙填充。

③ 表层残留:仅仅沙粒表层带有一层油衣。

④ 表层油膜:沙粒表层仅仅看见油膜,或间隙水漂有油膜,可以闻到石油的气味。

油层下渗、埋藏类型识别及油污状态识别对比图片见附录 H。

5.6.2 下渗油污调查

在溢油岸滩,随机取 2~3 个站位进行挖洞调查,观察是否有下渗油及埋藏油;若有下渗或埋藏油,需进一步调查,包括油层长度、油层宽度,油层厚度。测量方法如下:

(1)油层长度(L)

沿岸滩方向系统性地布设断面(隔 20 m、50 m 或 100 m 等距离设置断面,断面间距取决于岸滩长度),确定油层长度(最后一个断面油层消失时,至该断面间距 1/2 处重新布设断面,如此反复至确定下渗油位置)。

(2)油层宽度(W)

垂直岸滩方向进行断面调查,隔 2 m(或 5 m,根据溢油层宽度适当调整)垂直向下挖洞,确保挖洞深度,获取下渗油宽度。

(3)油层厚度(th)

对下渗油层和干净砂层厚度进行测量,并描述油污颜色及性质。

根据监测结果,记录下渗油宽度、厚度和长度。

下渗油污调查必要时,需采集间隙水。

5.7 样品采集

5.7.1 溢油样品采集

依据不同的岸滩类型或油污附着特点,采取适宜的采样方法,采集溢油样品(用于油脂纹鉴定)。

① 成片油污:不锈钢勺挖取一定量的油污,或含水油污,置于玻璃采样瓶中保存。

② 岩石附着油污:不锈钢刮刀刮取足量油污,置于玻璃采样瓶(或聚四氟乙烯封口袋)中保存。

③ 零星油块、油粒:镊子夹取足量油块,置于玻璃采样瓶(或聚四氟乙烯封口袋)中保存。

5.7.2 水质样品采集

如有必要需采集水质样品,按《海洋监测规范》进行操作。

下渗油污调查时,必要时可采集间隙水。

5.7.3 沉积物样品采集

如有必要需采集沉积物样品,按《海洋监测规范》进行操作。

5.7.4 生物样品采集

① 采集潮间带生物样品,按《海洋监测规范》进行操作。

② 采集溢油现场受溢油附着生物。

将溢油现场发现的沾有油污的活体生物或生物残体进行现场拍照,并收集到玻璃瓶或密封袋中,尽量保持生物体原状,冷藏保存,带回实验室供分析。

从油污的鸟类或动物身上采样时,应将污油从其身上手工刮下,避免污油与羽毛或皮毛长时间接触。如果上述工作有难度,则可将带有油污的鸟类羽毛或动物皮毛剪下,放入样品瓶中,或将被油污染的鸟或动物尸体冷冻,作为样品运回实验室。

5.8 现场拍照

拍照是记录溢油污染现场最好的方法,不但能够再现岸滩溢油污染现场,而且比语言描述更加准确,有助于后期评价人员作出准确的评价结论。

① 能够准确地再现岸滩溢油污染现场的环境与状态;

② 能够保全溢油现场容易消失的油污证据;

③ 能够保全那些由于体积过大、重量过重、不能移动以及其他原因不便在法庭上呈现的证据。

单反相机或数码相机都可以用来岸滩溢油现场的调查取证。调查队伍中,至少要有一位调查人员携带照相机或/和摄像机。

① 岸滩调查开始前,监测人员应首先拍摄监测信息表的基本信息部分,这样有助于后期人员辨别照片;

② 调查人员最好将相机举得与眉同高,然后进行拍照。这样拍摄的现场概貌照片,更能客观地反映整体现场,让人在观看照片时得到身临岸滩溢油现场的感受;

③ 在拍摄岸滩溢油现场时,必须选择一个合适的角度或制高点,拍摄现场全貌;

④ 对各条油带单独拍摄;

⑤ 对受污染的生物进行细节拍摄;

⑥ 对监测人员现场调查、样品采集等工作过程进行拍摄。

现场拍照信息记录示例如图5－3。

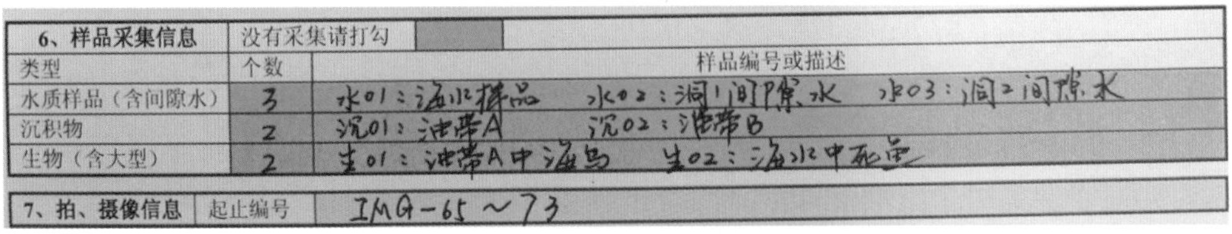

6、样品采集信息		没有采集请打勾	
类型	个数		样品编号或描述
水质样品(含间隙水)	3		水01:海水样品　水02:洞1间隙水　水03:洞2间隙水
沉积物	2		沉01:油带A　沉02:油带B
生物(含大型)	2		生01:油带A中海鸟　生02:海水中死鱼
7、拍、摄像信息	起止编号	IMG-65～73	

图5－3　样品采集和现场拍照信息记录示例

5.9　岸滩溢油影响现场评价

现场监测人员对岸滩现场污染情况感性认识最为确切,要把所看到的一切反馈给评价人员,因此需对岸滩溢油影响作出现场评价。

5.9.1　文字描述

一般包含如下要点:

① 现场实际或潜在存在哪些敏感资源或目标,包括生态、休闲、文化或任何其他与社会经济相关的资源或目标;

② 可以看到的野生生物,特别是野生生物的受污情况;

③ 利用监测数据及现场感性认识,粗略地估算该段岸滩的溢油量;

④ 观察大浪或风暴潮是否将溢油带到潮上带;

⑤ 是否现场有清理措施,对现场清理有何建议。

5.9.2　岸线污染等级现场评价

根据溢油现场感官观测污染分布、程度、数量等指标,将岸滩溢油影响现场评价分为四级:重度、中度、轻度、无影响。

① 重度:溢油大量登陆、影响面积大、覆盖度高、生境、功能丧失严重等。用红色在地图上标注。

② 中度:溢油中量登陆,影响面积较大,造成一定程度的生境、服务功能损失。用黄色在地图上标注。

③ 轻度:溢油少量登陆或以不间断油膜、零星焦油球等形态登陆。用蓝色在地图

上标注。

④ 无影响:无溢油影响。用绿色在地图上标注。

现场监测人员需提前准备调查区域大比例尺底图,并将所调查岸段的起止点经纬度、岸段的污染级别、拍摄照片等信息标注在上面,如图 5 - 4 所示。

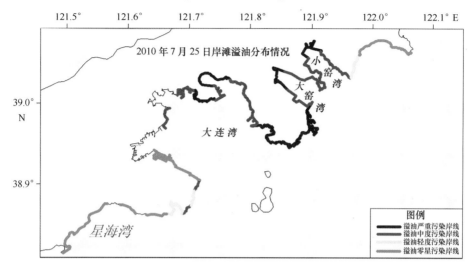

图 5 - 4 绘制岸线污染等级图示例

5.10 绘制岸滩溢油污染草图

绘制岸滩溢油污染草图是岸滩溢油污染监测评价的重要组成部分。

① 它可以还原溢油现场,从而提供给未到过现场的评价人员、管理人员及其他技术人员最直接的感性认识;

② 通过绘制草图,现场监测人员可以更加仔细的调查,从而获取全面的信息。

注意:绘制岸滩溢油污染草图不等同于上述 5.9.2 节中岸线污染等级评价中在大比例尺地图上标示。因为溢油应急岸滩监测一般是一个监测队伍要监测很长的岸线,分若干个调查区域或监测区域,大比例尺地图上标示的是整条岸线的污染等级等情况。而此章节所绘制的岸滩溢油污染草图是某个监测区域内溢油污染的详细情况。

1)草图底稿的主要部分介绍

草图左上角为信息区:主要包括所绘制的草图包含的内容,监测人员现场填写调查区域、日期,并在所包含的内容前打钩。

草图下方为图例及说明区,见图 5 - 5 所示。现场草图空白页见附录 B。

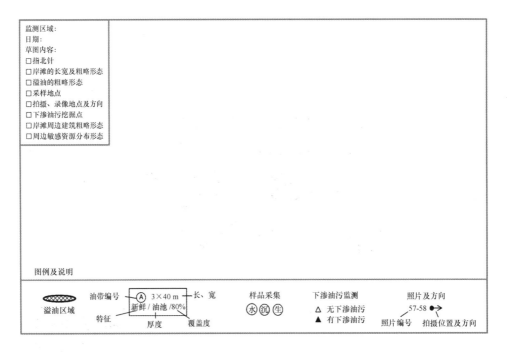

图 5-5　岸滩溢油监测现场草图空白图

2) 绘制草图步骤

(1) 前期准备

绘制草图人员在草图绘制前首先要掌握草图绘制的主要内容,并按照内容从上到下的顺序绘制草图(见图 5-6~图 5-8)。岸滩溢油监测草图主要由以下几方面内容组成:

① 指北针;

② 岸滩的长宽及粗略形态;

③ 溢油的粗略形态;

④ 采样地点;

⑤ 拍摄、录像地点及方向;

⑥ 下渗油污挖掘点;

⑦ 岸滩周边建筑粗略形态;

⑧ 周边敏感资源分布形态。

(2) 绘制指北针和岸滩的长宽及粗略形态

① 根据方向,在图中空白处确定指北针方向;

② 沿岸滩走向,绘制监测范围;

③ 补充岸滩粗略形态。

（3）绘制溢油粗略形态

① 在岸滩上画出溢油分布范围，无油区分布范围；

② 注释溢油长度、宽度、厚度和性质。

（4）补充采样、拍摄、下渗油调查地点等信息

① 采样地点；

② 拍摄照片、录像地点及方向；

③ 下渗油污挖掘点。

（5）绘制其他资源信息

① 岸滩周边建筑粗略形态；

② 周边敏感资源分布形态。

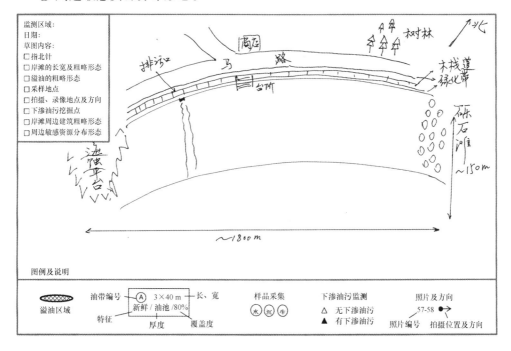

图 5-6 岸滩溢油监测现场草图绘制示意（第一步）

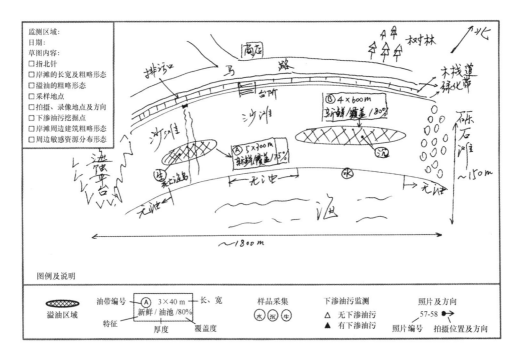

图 5-7 岸滩溢油监测现场草图绘制示意(第二步)

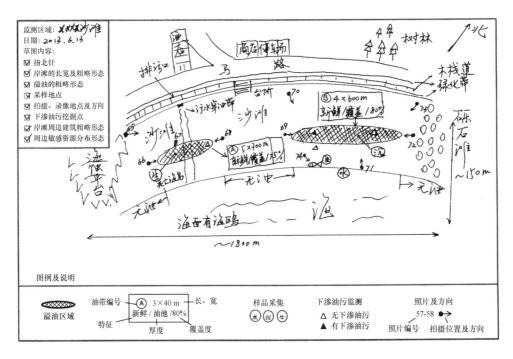

图 5-8 岸滩溢油监测现场草图绘制示意(第三步)

6 岸滩溢油影响评价

6.1 岸滩溢油量估算

6.1.1 面状、带状和丝带状溢油的溢油量评估

对于面状、带状和丝带状溢油,溢油体积

$$V_1 = L \cdot W \cdot th \cdot c$$

式中:L——长度,m;

W——宽度,m;

th——厚度,m;

c——覆盖率,%。

对于丝带状溢油,溢油体积 $V_1 = L \cdot W \cdot th \cdot c$,其中厚度 th 按 0.1 cm 计。图 6-1、图 6-2 和图 6-3 分别为三种溢油污染程度的海滩,溢油量估算示例如下。

1)重度溢油

溢油长度约 300 m,平均油厚约为 1 cm,油宽度约为 2 m,覆盖率 90%。溢油量 = 300 m×0.01 m×2 m×90% =5.4 m³,或者 5 400 L/(300 m×2 m) =9 L/m²。

图 6-1 重度溢油污染海滩

2）中度溢油

溢油长度约500 m，平均油厚约为1 mm，油宽度约为5 m，覆盖率80%。溢油量 = 500 m×0.001 m×5 m×80% = 2 m³，或者2 000 L/（500 m×5 m） = 0.8 L/m²。

图6-2　中度溢油污染海滩

3）轻度溢油

溢油长度约200 m，平均油厚约为1 mm，油宽度约为5 m，覆盖率10%。溢油量 = 200 m×0.001 m×5 m×10% = 0.1 m³，或者100 L/（200 m×5 m） = 0.1 L/m²。

图6-3　轻度溢油污染海滩

6.1.2 分散焦油球溢油量估算

焦油球溢油量 $V_2 = S \cdot M$。

式中：S——岸滩油块覆盖范围，m^2；

　　　M——单位面积油块重量，g/m^2。

6.1.3 下渗溢油量估算

下渗油油量 $V_3 = L \cdot W \cdot th \cdot 0.1$，埋藏油油量计算公式为 $V = L \cdot W \cdot th$。

式中：L——油层长度，m；

　　　W——油层宽度，m；

　　　th——油层厚度，cm。

6.2 岸滩溢油污染评价

6.2.1 岸滩类型因子 I_1

不同岸滩类型对油污持续时间及生态敏感度的影响不同，根据岸滩类型识别按表 6 – 1 对岸滩类型因子 I_1 赋分。对于遮蔽型等水动力或冲刷情况不好的岸滩，可在原等级基础上再提升 2~3 个赋分值。

表 6 – 1　岸滩类型评价因子 I_1 赋分表

岸滩类型	生态岸滩	开阔潮滩	碎石滩	沙滩	基岩岩岸
类型因子 I_1 分值	10	7	5	3	1

6.2.2 岸滩功能因子 I_2

根据岸滩的社会服务功能，对岸滩功能因子 I_2 进行赋分，分值范围为 1~10。对于保护区、典型生态系统、野生动物栖息地及重要的文化旅游或人类活动区等赋分一般情况下大于 8。

6.2.3 溢油污染程度因子 I_3

本手册给出两种溢油污染程度因子计算方法，方法一简单直观，但评价结果不能反映出污染程度较小的变化，适用于小型、监测次数较少的溢油污染程度计算；方法二较为精细，所有监测数据可直接用于溢油污染程度计算，评价结果可反映出较小变化，适用于大型、对同一岸滩多次监测或多地点监测的溢油污染程度计算。

1）方法一：直观评价法

溢油污染程度分"重度"、"中度"和"轻度"三个等级。如有必要赋值情况下，重度按 8~10 赋值，中度按 3~8 赋值，轻度按 1~3 赋值。

分两步进行评价，首先根据表 6-2 溢油污染程度判定矩阵中宽度和覆盖度矩阵确定第一步溢油污染程度，然后根据第一步溢油污染程度和厚度矩阵判定最终污染程度。

表 6-2　溢油污染程度判定矩阵

第一步：溢油宽度与覆盖度矩阵		溢油宽度标准			
		>5 m	3~5 m	0.5~3 m	0.5 m
覆盖度标准	>50%	重度	重度	中度	轻度
	10%~50%	重度	中度	中度	轻度
	1%~10%	中度	中度	轻度	轻度
	<1%	轻度	轻度	轻度	轻度

第二步：第一步溢油污染程度与厚度矩阵		第一步溢油污染程度		
		重度	中度	轻度
平均厚度标准	>1 cm	重度	重度	中度
	0.1~1 cm	重度	中度	轻度
	<0.1 cm	中度	轻度	轻度

2）方法二：数学计算法

面状、带状、丝带状溢油，根据溢油宽度、厚度、覆盖度及下渗情况确定溢油污染程度因子。

（1）溢油宽度因子（I_w）

① 宽度 ≥5 m，$I_w = 10$；

② 宽度 <5 m，$I_w =$ 宽度 ×2。

（2）溢油覆盖度子因子（I_c）

$$I_c = 覆盖度 \times 10。$$

（3）溢油厚度因子（I_{th}）确定

① 厚度 ≥1 cm 的溢油覆盖面积占总覆盖面积比例 ≥30% 时，$I_{th} = 10$；

② 厚度 ≥1 cm 的溢油覆盖面积占总覆盖面积比例 ≥10% 且 <30% 时，按下式计算：

$$I_{th} = （厚度 ≥1 cm 的溢油覆盖面积占总覆盖面积比例 - 10%）\times 10 + 8；$$

③ 其他情况按下式计算：

I_{th} = 厚度≥0.1 cm 且 <1 cm 溢油覆盖面积占总覆盖面积比例×8。

(4)溢油污染程度因子(I_3)的计算

按下式进行计算：

$$I_3 = I_w \times I_{th} \times I_c \div 100。$$

6.2.4　溢油性质因子 I_4

溢油不同的性质对生态环境的影响程度不同,根据抵岸溢油性质识别,按表6-3对溢油性质因子 I_4 赋分。

表6-3　溢油性质评价因子 I_4 赋分表

溢油性质	新鲜	奶冻	油球	油片	残留	沥青
类型因子 I_4 分值	10	9	7	5	3	1

6.2.5　因子权重

岸滩类型及敏感程度、溢油状态和性质对生态环境的影响程度的影响强弱不同,综合评价时需按表6-4查找各评价因子权重。

表6-4　评价因子权重表

一级指标	岸滩类型及敏感程度		溢油状态	
一级权重	0.40		0.60	
二级因子	岸滩类型	服务功能	溢油状态	溢油性质
二级权重	0.6	0.4	0.8	0.2
二级归一化权重	0.24	0.16	0.48	0.12

6.2.6　岸滩溢油污染影响程度指数 I

综合岸滩类型因子 I_1、岸滩服务功能因子 I_2、溢油状态因子 I_3 和溢油性质因子 I_4 计算岸滩溢油污染影响程度指数。

岸滩溢油污染影响程度指数计算公式为：

$$I = \sum_{i=1}^{N} (\omega_i \cdot I_i)$$

式中：I——岸滩溢油污染影响程度指数;

I_i——i 因子赋分值;

ω_i——i因子权重;

N——参评因子个数。

6.2.7 评价标准及溢油影响等级

根据岸滩溢油污染影响程度指数,按表6-5进行溢油对岸滩影响分级。

表6-5 岸滩溢油影响综合评价分级表

岸滩溢油污染影响程度指数区间	影响等级
$7 \leqslant I_s \leqslant 10$	溢油对岸滩的污染影响大
$5 \leqslant I_s < 7$	溢油对岸滩的污染影响较大
$3 \leqslant I_s < 5$	溢油对岸滩的污染影响中等
$1 \leqslant I_s < 3$	溢油对岸滩的污染影响较小
$0 \leqslant I_s < 1$	溢油对岸滩的污染影响小

6.3 岸滩溢油监测与评价报告大纲

岸滩溢油监测评价报告大纲如下:

1 概述

简述评估任务由来、评估技术依据、评估目的、评估范围、评估内容与程序等。

2 评估区域概况

简述自然环境、生态环境、社会环境等,重点描述周边敏感资源情况。

3 岸滩溢油生态损害调查

简单介绍工作开展情况、岸滩溢油现场描述(岸滩类型与服务功能、岸滩状态与性质识别和现场照片)、下渗油污监测等。

4 溢油量估算与溢油源诊断

利用调查结果开展溢油量估算;

对采集的溢油样品开展油指纹鉴定,将鉴定结果简要描述,在图中给出。

5 溢油岸滩生态损害评估

岸滩环境质量评价(评价水质、沉积物、生物质量等质量状况);

岸滩溢油污染评价(GIS图示)。

6 评估结论

包括岸滩影响范围、溢油量估算和溢油岸滩生态损害程度等主要结论。

附录 A 岸滩溢油监测现场信息记录表

1. 基本信息	事件名称				
监测单位				监测人员	
监测时间	年　月　日　时			潮时	高潮 / 低潮 / 平潮
监测区域				监测长度	m
起始坐标	E:	N:		终止坐标	E:　　　N:

2. 岸滩类型				
	开阔岩岸		砂及碎石混合滩		遮蔽潮间带
	开阔海蚀平台		碎石滩		沼泽、湿地、红树林
	细沙滩		开阔潮滩	暴露程度	□完全暴露□暴露□部分遮蔽□完全遮蔽
	粗沙滩		遮蔽基岩岸	其他描述	

注:"√√"主要岸滩类型,只能选一个;"√"其他岸滩类型,可多选

3. 岸滩服务功能						
海洋保护区	自然生态系统	野生动物栖息地	哺乳动物生活区	水源区	特殊工业用水
	海洋生物物种		鸟类生活迁徙地		一般工业用水
	遗迹非生物资源	文化活动区	风景旅游区		水源涵养地
典型生态系统	红树林生态系统		度假旅游区	社会经济区	矿产开发区
	河口湾生态系统	渔业区	渔港及渔业设施建设区		港口工业区
	盐沼湿地系统				滨海工业区

注:"√√"主要服务功能,可多选;"√"其他服务功能,可多选

4. 溢油状态	没有溢油请打钩	潮间带位置:□潮上区□高潮区□中潮区□低潮区

分布方式:□连续　□分散　□零星　□面状　□丝带状　□焦油球　□油膜

溢油性质:□流动态　□固态　□长期残留	是否能获得准确油种:□是　□否	油种:

油带 A:长度　　　m;宽度　　　m;覆盖度　　　%;厚度比例:>1 cm 占　　　%,0.1～1 cm 占　　　% , <0.1cm 占　　　%

油带 B:长度　　　m;宽度　　　m;覆盖度　　　%;厚度比例:>1 cm 占　　　%,0.1～1 cm 占　　　% , <0.1 cm 占　　　%

如溢油为焦油球或油饼,请调查单位面积内的数量、粒径、厚度

单位面积数量	个/m²	粒径	cm	油饼厚度	cm

5. 下渗溢油调查	没有溢油请打钩		油层分布方式	□下渗　□埋藏	油层分布厚度	cm

6. 样品采集信息	没有采集请打钩		
类型	个数	样品编号或描述	
水质样品(含间隙水)			
沉积物			
生物(含大型)			

7. 拍、摄像信息	起止编号	

8. 现场评价	评价结论	□重度　□中度　□轻度　□无影响	是否绘制溢油状态草图	是／否

其他文字描述：

重点描述以下内容：

● 现场实际或潜在存在的敏感资源或目标,包括生态、休闲、文化或任何其他与社会经济相关的资源或目标;

● 可以看到的野生生物,特别是野生生物的受污情况;

● 利用监测数据及现场感性认识,粗略地估算该段岸滩的溢油量;

● 观察大浪或风暴潮是否将溢油带到潮上带;

● 是否现场有清理措施,对现场清理有何建议。

岸滩溢油现场监测草图

监测区域：
日期：
草图内容：
□ 指北针
□ 岸滩的长宽及粗略形态
□ 溢油的粗略形态
□ 采样地点
□ 拍摄、录像地点及方向
□ 下渗油污挖掘点
□ 岸滩周边建筑粗略形态
□ 周边敏感资源分布形态

图例及说明

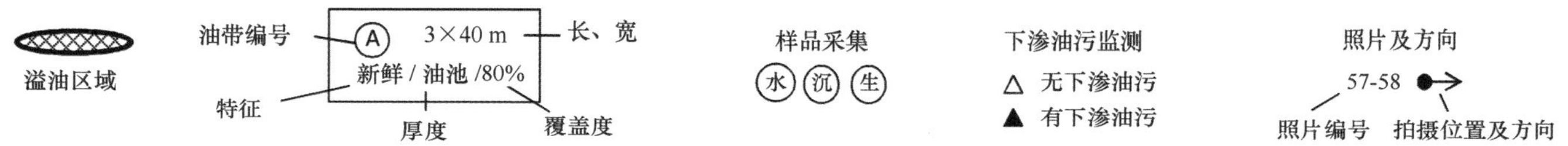

溢油区域

油带编号
特征
新鲜／油池／生
3×40 m ── 长、宽
覆盖度
厚度

样品采集
水 沉 生

下渗油污监测
△ 无下渗油污
▲ 有下渗油污

照片及方向
57-58
照片编号 拍摄位置及方向

附录 C 岸滩类型特征及对比图片

岸滩类型及特征	典型照片
评价类型:基岩岩岸 监测类型:开阔岩岸 岸滩形态:开阔式基岩海岸 主要特征:为暴露型岸滩类型。坚硬岩石组成,岸滩狭窄,坡度陡 照片来源:国家海洋局北海环境监测中心 拍摄地:青岛崂山	
评价类型:基岩岩岸 监测类型:开阔岩岸 岸滩形态:开阔式坚固人工构筑物 主要特征:为暴露型岸滩类型。属人工构筑物,岸滩狭窄或无岸滩,坡度陡 照片来源:国家海洋局北海环境监测中心 拍摄地:青岛中苑码头	
评价类型:基岩岩岸 监测类型:开阔岩岸 岸滩形态:开阔式坚固人工构筑物 主要特征:一般指"扭王字"块、"工字"块人工护岸或其他透水性稍差的护岸 照片来源:国家海洋局北海环境监测中心 拍摄地:大连振连路	

岸滩类型及特征	典型照片
评价类型:基岩岩岸 监测类型:开阔岩岸 岸滩形态:开阔式石崖 主要特征:由坚硬岩石组成,与开阔式基岩海岸不同之处为崖基为碎石堆 照片来源:国家海洋局北海环境监测中心 拍摄地:青岛第一海水浴场	
评价类型:基岩岩岸 监测类型:开阔岩岸 岸滩形态:开阔式海蚀平台 主要特征:微微向海倾斜的平坦岩礁面,波浪可通过平台,一般位于平均海平面附近 照片来源:国家海洋局北海环境监测中心 拍摄地:青岛第二海水浴场	
评价类型:沙滩 监测类型:细沙滩 岸滩形态:细沙滩 主要特征:由细-中粒径的沙组成,粒径0.06~0.25 mm,由于海浪携带海沙有层层覆盖作用,溢油容易被掩埋 照片来源:国家海洋局北海环境监测中心 拍摄地:青岛石老人海水浴场	

岸滩类型及特征	典型照片
评价类型:沙滩 监测类型:粗沙滩 岸滩形态:粗沙滩 主要特征:由粗砂组成,平均粒径0.25~2 mm,有时会伴有少量小砾石或碎石,溢油容易下渗 照片来源:国家海洋局大连海洋环境监测中心站 拍摄地:大连星海湾浴场	
评价类型:碎石滩 监测类型:砂及砾石混合滩 岸滩形态:砂及砾石混合滩 主要特征:以砾石或碎石为主(粒径大于2 mm,含量大于80%),砾石缝隙由沙完全填充。溢油非常容易下渗 照片来源:国家海洋局北海环境监测中心 拍摄地:青岛崂山	
评价类型:碎石滩 监测类型:碎石滩 岸滩形态:砾石滩 主要特征:表面圆滑,分鹅卵石和大砾石两种形态,鹅卵石平均粒径为4~64 mm,大砾石平均粒径为65~256 mm 照片来源:国家海洋局北海环境监测中心 拍摄地:青岛崂山	

岸滩类型及特征	典型照片
评价类型:碎石滩 监测类型:碎石滩 岸滩形态:碎石滩 主要特征:碎石表面不圆滑,平均粒径大于 256 mm 照片来源:国家海洋局大连环境监测中心站 拍摄地:大连大窑湾	
评价类型:开阔潮滩 监测类型:开阔潮滩 岸滩形态:开阔、平坦潮间带 主要特征:为平坦潮间带,波浪动力小,以潮流冲刷为主。潮间带宽度一般大于 50 m。沉积物类型以泥或沙为主 照片来源:国家海洋局北海环境监测中心 拍摄地:潍坊昌邑	
评价类型:生态岸滩 监测类型:沼泽湿地红树林 岸滩形态:盐沼 主要特征:地表水呈碱性、土壤中盐分含量较高,表层积累有可溶性盐,其上生长着盐生植物 照片来源:百度百科	

岸滩类型及特征	典型照片
评价类型:生态岸滩 监测类型:沼泽湿地红树林 岸滩形态:淡水沼 主要特征:地表常年过湿或有薄层积水。在沼泽地表除了具有多种形式的积水外,还有小河、小湖等沼泽水体 照片来源:百度百科	
评价类型:生态岸滩 监测类型:沼泽湿地红树林 岸滩形态:湿地 主要特征:天然或人工形成的沼泽地等带有静止或流动水体的成片浅水区,还包括在低潮时水深不超过6 m的水域 照片来源:百度百科	
评价类型:生态岸滩 监测类型:沼泽湿地红树林 岸滩形态:红树林 主要特征:生长在热带、亚热带平坦海岸潮间带上部,以红树植物为主体的常绿灌木或乔木组成。主要分布在的海南岛、广西、广东和福建 照片来源:百度百科	

附录 D 岸滩溢油分布状态特征及对比图片

岸滩溢油分布状态及特征	典型照片
分布状态:连续分布——面状 主要特征:连续分布,厚度几毫米至几厘米,长度大于 50 m,溢油覆盖率高于 50%,溢油厚度大于 0.1 cm 照片来源:中国海监第三支队 拍摄地:大连蟹子湾浴场 溢油事故:2010 年大连溢油	
分布状态:连续分布——带状 主要特征:溢油沿岸滩方向呈带状连续分布,长度大于 50 m,向岸方向凸出,溢油覆盖率高于 50%,溢油厚度约为 0.1 cm 照片来源:国家海洋局北海环境监测中心 拍摄地:青岛黄岛 溢油事故:2005 年黄岛溢油	
分布状态:分散分布——丝带状 主要特征:分散丝带状分布,长度小于 50 m,带状溢油覆盖率介于 5%～50% 之间,厚度小于等于 0.1 cm 照片来源:国家海洋局北海环境监测中心 拍摄地:烟台长岛 溢油事故:长岛溢油	

岸滩溢油分布状态及特征	典型照片
分布状态:连续分布——焦油球 主要特征:连续分布,长度大于 50 m,溢油覆盖率高于 50%,溢油厚度大于 0.1 cm。连片焦油球沿岸滩方向连片分布,溢油覆盖率高于 1% 照片来源:国家海洋局北海环境监测中心 拍摄地:烟台长岛 溢油事故:长岛溢油	
分布状态:分散分布——焦油球 主要特征:分散状分布,长度小于 50 m,或成堆分布。覆盖度一般小于 1%,焦油球直径小于 0.1 cm,油饼呈扁平状,直径介于 0.1～1.0 m 之间 照片来源:国家海洋局北海环境监测中心 拍摄地:烟台长岛 溢油事故:长岛溢油	
分布状态:零星分布——焦油球 主要特征:零星分布,不成片,不成堆 照片来源:国家海洋局秦皇岛海洋环境监测中心站 拍摄地:秦皇岛 溢油事故:2011 年蓬莱 19－3 油田溢油	

岸滩溢油分布状态及特征	典型照片
分布状态:零星分布——油膜 主要特征:零星油膜漂浮在水面或少量亮丝带分布在岸滩上 照片来源:国家海洋局北海环境监测中心 拍摄地:青岛前海 溢油事故:2010 年青岛溢油	

附录 E　岸滩溢油厚度特征及对比图片

岸滩溢油厚度及特征	典型照片
油池：一般为新鲜油污或成奶油冻状油污，厚度超过 1 cm 照片来源：国家海洋局大连海洋环境监测中心站 拍摄地：大连 溢油事故：2010 年大连溢油	
覆盖：一般为受到一定程度风化后，去掉水分和轻组分后的油污，厚度在0.1～1 cm之间 照片来源：中国海监第三支队 拍摄地：大连 溢油事故：2010 年大连溢油	
油衣：厚度小于 0.1 cm 的可见油污，可以用指甲刮掉 照片来源：大连中心站 拍摄地：大连大窑湾 溢油事故：2010 年大连溢油	

岸滩溢油厚度及特征	典型照片
粘污:可见油污,但不能用指甲刮掉 照片来源:大连中心站 拍摄地:大连泊石湾 溢油事故:2010 年大连溢油	
油膜:油膜,多成条带或透明油带 照片来源:大连中心站 拍摄地:大连金石滩 溢油事故:2010 年大连溢油	

附录G 岸滩溢油覆盖率对比图片

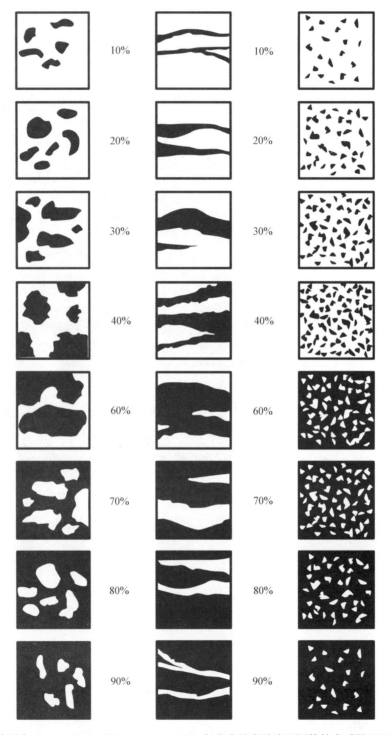

图片引自 Owens, E. H. 和 Sergy, G. A. 2000 年发表的岸滩清理评估技术手册(SCAT)

附录 F 岸滩溢油性质描述及对比图片

岸滩溢油性质及特征	典型照片
新鲜溢油:未经风化或轻微风化,可流动 照片来源:中国海监第三支队 拍摄地:大连前盐 溢油事故:2010 年大连溢油	
奶油冻状溢油:乳化,含水率较高,成奶油冻状,流动性差 焦油球溢油:分散的油球,直径一般小于10 cm 照片来源:中国海监第三支队 拍摄地:大连蟹子湾 溢油事故:2010 年大连溢油	
焦油球溢油:分散的油球,直径一般小于10 cm 照片来源:国家海洋局秦皇岛海洋环境监测中心站 拍摄地:秦皇岛 溢油事故:2011 年蓬莱 19 – 3 油田溢油	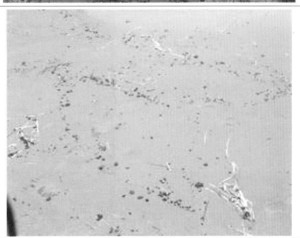

岸滩溢油性质及特征	典型照片
油饼或油片:分散的油饼或油片,直径一般大于 10 cm 照片来源:中国海监第三支队 拍摄地:大连星海湾浴场 溢油事故:2010 年大连溢油	
残留油:经过较重风化作用后,残留在岸滩上的溢油,一般不会粘连在一起 照片来源:OTRA	
残留沥青:经过重度风化作用后,残留在岸滩上的溢油,可与沉积物形成一整个沥青块或沥青片,具备一定的硬度 照片来源:OTRA	

附录 H 岸滩下渗油污分布特征及对比图片

下渗油污特征	典型照片
类型:下渗油污 状态:完全填充 特征:溢油将岸滩空隙全部填充 照片来源:美国国家海洋与大气管理局(NOAA)	
类型:埋藏油污 状态:部分填充 特征:有明显的含油带,溢油部分将岸滩空隙填充 照片来源:国家海洋局北海环境监测中心 拍摄地:青岛 溢油事故:2013年青岛"1122"溢油事故	
状态:表层残留 特征:仅仅沙粒表层带有一层油衣 照片来源:美国国家海洋与大气管理局(NOAA)	

下渗油污特征	典型照片
状态:表面油膜 特征:沙粒表层仅仅看见油膜,或间隙水漂有油膜,可以闻到石油的气味 照片来源:国际油轮船东防污染联合会（ITOPF）	

附录 I 岸滩溢油调查工具箱明细

序号	是否准备	工具	
1		地图(包括现场地图和评价底图)	
2		手册(包括多份空白信息表、多份空白草图和信息表释义)	
3		笔记本、笔(铅笔、记号笔)	
4		GPS	
5		相机、摄像机、相机电池	
6		望远镜	
7		卷尺	
8		刻度尺	
9		手套	
10		雨鞋	
11		指南针	
12		采样瓶(油指纹、沉积物、水质、生物)及标签、密封袋	
13		取样匙	
14		折叠铲	

序号	是否准备	工具	
15		舀子	
16		试剂	
17		萃取装置	
18		绳索